BEI GRIN MACHT SICH IHR WISSEN BEZAHLT

- Wir veröffentlichen Ihre Hausarbeit,
  Bachelor- und Masterarbeit

- Ihr eigenes eBook und Buch -
  weltweit in allen wichtigen Shops

- Verdienen Sie an jedem Verkauf

Jetzt bei www.GRIN.com hochladen
und kostenlos publizieren

Bianca Spindler

James Cooks Reisen und ihre visuelle Dokumentation

Lanschaftsmalerei, Dimensionen des Visuellen in der Geographie

GRIN Verlag

Bibliografische Information der Deutschen Nationalbibliothek:

Die Deutsche Bibliothek verzeichnet diese Publikation in der Deutschen National-
bibliografie; detaillierte bibliografische Daten sind im Internet über http://dnb.d-
nb.de/ abrufbar.

Impressum:

Copyright © 2007 GRIN Verlag, Open Publishing GmbH
Druck und Bindung: Books on Demand GmbH, Norderstedt Germany
ISBN: 978-3-640-79237-5

Dieses Buch bei GRIN:

http://www.grin.com/de/e-book/163650/james-cooks-reisen-und-ihre-visuelle-
dokumentation

Geographisches Institut

Seminar: Dimensionen des Visuellen in der

Geographie

James Cooks Reisen und ihre

visuelle Dokumentation

Inhaltsverzeichnis

1. James Cook und sein Verdienst

Der berühmte Seefahrer James Cook wurde als Sohn eines Tagelöhners geboren und hatte nur bis zu seinem dreizehnten Lebensjahr eine Schulbildung genossen. Kurze Zeit später verdiente er sein Geld als Schiffsjunge auf einem Kohlenschiff. Cook brachte zu diesem Zeitpunkt keinerlei theoretisches Wissen über die Seefahrt mit. (Hennig 1952: 3) Mit Hilfe seines Ersparten finanzierte er sich Unterricht in höherer Nautik und erwarb wertvolles Wissen vor allem im Selbststudium, denn Cook war ein großer Autodidakt. So gewann er im Laufe der Jahre das Vertrauen und die Hochachtung seiner Vorgesetzten und knüpfte wichtige Freundschaften, die ihm den Weg zur ersten Expedition ebneten. (Hennig 1952: 4, 5) Als der Venusdurchgang als astronomisch bedeutendes Ereignis 1769 bevorstand, brauchte die englische Regierung einen geeigneten Mann, der mit Hilfe von Astronomen bei dieser Gelegenheit das Ereignis von Tahiti aus beobachten sollte. Cook, der mittlerweile vierzig Jahre alt war und seit seiner Jugend Erfahrungen auf der See gesammelt hatte, vereinte astronomisches Wissen und seefahrerisches Können in sich und wurde 1768 zum Kapitän des Expeditionsschiffes „Endeavour" ernannt. Die Entdeckungen, die er machte, überzeugte die Herren der Royal Navy, so dass er für zwei weitere Expeditionen von 1772 bis 1775 und von 1776 bis 1779 engagiert wurde. (Hennig 1952: 12, 16, 76)

Als James Cook 1768 erstmals im Auftrag der Royal Society in See stach, machte er nicht nur bedeutende Entdeckungen geographischer Art, er setzte auch hohe Standards für spätere wissenschaftliche Expeditionen. Einer besonders guten Planung ist es zu verdanken, dass Cook den Kampf gegen Skorbut gewonnen hat. Auf seinen Reisen erkrankten weitaus weniger Matrosen an der Krankheit als auf anderen vergleichbaren Seereisen. Seine Reisen wurden neben äußerst fähigen Zeichnern zusätzlich von wissenschaftlichen Experten wie Botanikern, Astronomen und Zoologen begleitet. Erstmals konnten die Seemänner relativ genau ihren Standpunkt bestimmen: den Breitengrad mit Hilfe eines Sextanten und den Längengrad mit Hilfe des Mondes und des Seealmanachs von dem Astronomen Nevil Maskelyne, das ein Jahr vor der ersten Reise Cooks erschienen war. Das hatte zur Folge, dass bisher unbekannte Küstenlinien sehr genau karthographiert und deren Lage auf der Weltkarte sehr genau bestimmt werden konnten. (Smith 1992: 41) Zudem gehörte er einer neuen Generation von Entdeckern an, die der visuellen Dokumentation einen mindestens ebenso hohen Stellenwert einräumten wie der verbalen. (Smith 1985a: ix) Im Laufe des achtzehnten Jahrhunderts war das Interesse an einem empirischen Studium der Natur gewachsen, was nicht ohne Folgen für die Landschaftsmalerei geblieben war. Durch den Bedarf an wissenschaftlich korrekten Darstellungen wurden Landschaftsmaler nun selbst zu Wissenschaftlern, die ihr Wissen in Botanik, Geologie oder Meteorologie in ihren Bildern einbrachten und so ihre Aufmerksamkeit auf bestimmte Merkmale ihres Motivs richteten. Die Künstler trainierten in Akademien ihr Können und versuchten stetig mit Hilfe neuer Techniken ihre Darstellungen zu perfektionieren. (Smith [2]1985: 2, 3). Diese Veränderung zur empirisch beeinflussten Landschaftsmalerei hat sicherlich entscheidend dazu beigetragen, dass die zeichnerische Dokumentation bei Cooks Entdeckungen von vornherein als so wichtig erachtet wurde. Die Veränderungen, denen diese Kunstform unterlag, sind häufig komplementär zu gesellschaftlichen Umbrüchen zu sehen. Daher werde ich im ersten Kapitel diese Veränderungen näher beleuchten und gesellschaftliche Einflüsse verdeutlichen. Nur wenn geklärt ist, in welcher Situation sich die Landschaftsmalerei im achtzehnten Jahrhundert befand und wie sie sich bis dato verändert hatte, ist nachvollziehbar, welche Rolle sie in den Expeditionen Cooks einnahm. Dies aufzuzeigen, soll Aufgabe meiner Arbeit sein. Ich möchte darstellen, welche Bedeutung die Landschaftsmalerei auf den Seereisen von James Cook hatte. Um zu begreifen, welchen Einflüssen die Dokumentationen unterlagen, werde ich die individuellen Fähigkeiten der Künstler beleuchten und deren Leistungen und Probleme an Hand einiger ausgewählter Beispiele diskutieren.

2. Landschaftsmalerei unter dem Einfluss gesellschaftlicher Veränderungen

Die Landschaftsmalerei ist eine Gattung der Malerei, die einen Ausschnitt eines Naturraums darstellt, der von der Natur oder dem Menschen geschaffen worden ist. Dabei kann der abgebildete Ausschnitt durch die Wahrnehmung des Landschaftsmalers und seine zeichnerischen Fähigkeiten stark individualisiert sein. Zudem kam es besonders in späteren wissenschaftlich beeinflussten Bildern darauf an, worauf der Künstler sein Hauptaugenmerk richtete. Im Kopf filterte der Maler das Gesehene und trennte Wichtiges von Unwichtigem und selektierte so, was er zu Papier brachte. Somit ist Landschaft nicht nur Wahrnehmung der Oberfläche sondern auch Interpretation. Schneider drückt es folgendermaßen aus: „Landschaft ist somit, vereinfacht gesagt, Natur gesehen durch ein Temperament, niemals die Natur an sich, als Ontisches." (Schneider 1999: 10) Dieses Faktum sollten wir bei der Betrachtung der visuellen Dokumente von Cooks Seereisen stets im Hinterkopf behalten.

Wie jede andere Form der Kunst unterlag, wie in der Einleitung bereits erwähnt, auch die Landschaftsmalerei gesellschaftlichen Veränderungen. Doch diese Veränderungen verliefen keinesfalls einseitig; während veränderte Sichtweisen des Künstlers die Malerei und das Motiv beeinflussten, beeinflusst das Bild wiederum den Betrachter. So zeigt ein Bild nicht etwa nur eine Landschaft, sondern transportiert immer auch Stimmungen und somit Emotionen, die beim Betrachter individuelle Gefühle hervorrufen können. Besonders Werke, die exotische und unbekannte Landschaften zeigten, wie es bei den Zeugnissen von Cooks Seereisen der Fall war, ließen in den Köpfen der Europäer eine neue Sicht auf die Welt entstehen. Zum Einen stand - stärker als bei vorherigen Entdeckungsreisen - die präzise und detailgetreue Wiedergabe des Gesehenen im Vordergrund, zum Anderen wurden gerade bedingt durch diese Detailgenauigkeit den Abbildungen so viel Bedeutung zugemessen, dass die Gefahr bestand, der Betrachter könne diese zu kritiklos als Abbildungen der Wirklichkeit hinnehmen.

Um die Wechselwirkung zwischen Gesellschaft und Kunst besser verstehen zu können und zu verdeutlichen, welche Bedeutung die Landschaftsmalerei bei der Visualisierung von Cooks Seereisen hatte, werde ich im Folgenden einen geschichtlichen Abriss bis zur ersten Reise Cooks über diese besondere Gattung der Malerei liefern.

Die Ursprünge der Landschaftsmalerei reichen bis in die Antike zurück. In Rom und Griechenland dienten Landschaften hauptsächlich zur Verschönerung von Wänden, jedoch lässt sich von einer Landschaftsmalerei nach der oben genannten Definition erst ab dem Hoch- beziehungsweise dem Spätmittelalter sprechen. Den Künstlern dieser Zeit genügte die Andeutung von Natur in Form von schematisierten Pflanzen, die nicht etwa empirisch untersucht, sondern als vereinfachte Elemente deduktiv in das Bild eingesetzt worden waren. Natürliche Elemente wurden abstrahiert dargestellt. Im nebenstehenden Beispiel deuten schematische Wellen Bodenunebenheiten an, Bäume haben den Charakter von Ornamenten und die Baumkronen

Abb. 1: Carmina Burana: Frühlingslandschaft

Quelle: Schneider 1999: 16

werden teilweise nur durch ein großes Blatt dargestellt. Tiere dagegen wurden sehr viel differenzierter gezeichnet, so dass die Vermutung nahe liegt, dass die detailgenauere Fauna einerseits und die abstrakte Flora andererseits auf eine selektive Wahrnehmung des Künstlers zurückzuführen ist. Norbert Schneider sieht das mangelnde Interesse an der Natur in der aufwändigen und entbehrungsreichen Subsistenzwirtschaft dieser Zeit begründet. In einer Zeit, in der Gewinnerzielung und -maximierung keine greifbaren Ziele waren, erfuhren Bestandteile und Beschaffenheit von natürlichen Gegenständen kein Interesse und folglich spielte die visuelle Dokumentation dieser keine Rolle. (Schneider 1999: 15, 17)

Erst als sich gewisse Ansätze kapitalistischer Wirtschaft gegen die vorherrschende feudale Gesellschaft durchsetzten, wuchs der Bedarf nach Visualisierung der Natur und ihren Gesetzen. Bedingt durch die erhöhte Nachfrage nach Luxusgütern im Laufe des 13. Jahrhunderts und dem damit beginnenden Raubbau an der Natur setzt ein Konflikt zwischen Natur und Mensch ein, der sich auch in der Kunst niederschlägt. Das Motiv der Weltflucht, der Flucht einer Person in eine zivilisationsarme Gegend war häufig Gegenstand der Landschaftsmalerei zu jener Zeit. Eine wichtige Neuerung stellte dabei die Trennung von menschlich beeinflusster Kulturlandschaft und unberührter Natur dar, welche ansatzweise Studien empirischer Art bedingten. (Schneider 1999: 15, 17, 23, 26)

Abb. 2: Giovanni di Paolo: Johannes der Täufer geht in die Wüste

Quelle: Schneider 1999: 28

Ausführliche Überlegungen naturwissenschaftlicher Art machte sich Leonardo da Vinci im sechzehnten Jahrhundert. Er beschrieb die Kräfte der Elemente und fertigte eine Reihe ausführlicher Zeichnungen an. Nicht nur exogene Kräfte wie Wind und Wasser erregten seine Aufmerksamkeit, auch zu geologischen Vorgängen stellte er Theorien auf. Möglicherweise sind im Hintergrund seines berühmten Bildes „Mona Lisa" geologische Vorgänge zu erkennen: das Bild ist zur gleichen Zeit entstanden, als Leonardo da Vinci Studien zur toskanischen Topographie betrieb. Somit liegt es nahe, dass der Maler die Entwicklung des Arno sowie zweier urzeitlicher Seen dargestellt hat. Jedoch bekamen seine ausführlichen naturwissenschaftlichen Überlegungen nur einen geringen Stellenwert in seinen Gemälden eingeräumt. Sie bildeten nach wie vor nur den Hintergrund. (Schneider 1999: 49, 53)

Abb. 3: Leonardo da Vinci: Mona Lisa

Quelle: Schneider 1999: 52

In der deutschen und niederländischen Landschaftsmalerei des 15. Jahrhunderts nimmt die Landschaft in der Bildkomposition einen neuen Stellenwert ein: abstrahierte, vereinfachte Naturdarstellungen werden überwunden und detaillierter gezeichnet. Ein Werk, an dem dies besonders deutlich wird, ist „Johannes der Täufer in der Wüste" von Geertgen tot Sint Jans (Abb. 4). Die Natur ist nicht mehr länger Beiwerk für eine bestimmte Szene, sondern nimmt einen weiten Raum ein und besitzt eine eigene Identität. Pflanzen sind differenziert dargestellt, der Betrachter kann sogar unterschiedliche Arten erkennen. Mit Hilfe von Körper- und Schlagschatten wird eine plastische und räumliche Wirkung erzielt. (Schneider 1999: 65)

Im 17. Jahrhundert fand vor allem in der niederländischen Landschaftsmalerei bedingt durch neue Erkenntnisse in der Wissenschaft die Darstellung von atmosphärischen Erscheinungen besondere Aufmerksamkeit. Wolkenbildung, Lichtreflektionen und Gewitter wurden vermehrt in Bildern dargestellt. Die Verbesserung optischer Instrumente sowie die Erfindung des Barometers im Jahr 1660 vereinfachte das Erforschen von Witterungsverhältnissen. (Schneider 1999: 140, 144) Im 17. Jahrhundert wurden vor allem „heroische Landschaften" mit antiken und mythologischen Szenen gemalt. Immer wieder fanden die Vorstellungen des Paradieses und der Mythos Arkadiens mit seinem Ursprung in der griechischen Antike Ausdruck in verschiedenen Werken, die auf diese Weise hochstilisiert wurden zu idealisierten Landschaften und somit ein verzerrtes Bild der Wirklichkeit wiedergaben. (Schneider 1999: 9) Diese Werke verdeutlichen Sehnsüchte damaliger Zeit in Harmonie mit der Natur leben zu wollen.

Abb. 4: Johannes der Täufer in der Wüste

Quelle: Schneider 1999: 64

Als sich Cook 1768 auf seine erste Reise begab gab es zwei gegensätzliche Richtungen der Naturbetrachtung. Es gab Künstler, welche die Auffassung vertraten, die Natur müsse vom Künstler geleistet werden. Unzulänglichkeiten müssten ausgeglichen und die Natur in ihren perfekten Formen dargestellt werden. Die Künstler orientierten sich dabei an den Idealen der Renaissance und der Antike. Die Royal Society dagegen war der Meinung, Wissenschaftler sollten zusammen mit Künstlern intensiv beobachten und experimentieren und somit eine empirische Herangehensweise vorziehen. Dennoch begleiteten Künstler der einen sowie der anderen Sichtweise die Reisen Cooks und hinterließen in ihren Werken ihre individuellen Handschriften, entweder stärker wissenschaftlich oder aber klassisch orientiert. (Smith [2]1985: 1)

3. Vorbereitung der visuellen Dokumentation

In diesem Kapitel werden die Bedingungen für die Landschaftsmalerei auf den Reisen vorgestellt. Es soll einen Eindruck davon vermitteln, inwiefern bereits die Ziele der

Expeditionen den Weg für die umfangreiche Dokumentation geebnet haben und mit welchem Potenzial die Begleiter Cooks ausgestattet waren.

3.1 Cooks Aufträge für die Expeditionen

Als 1769 der Venustransit bevorstand, schickten mehrere europäische Nationen Wissenschaftler in verschiedene Teile der Erde, um bei diesem Ereignis den Abstand der Erde zur Sonne neu zu vermessen. Mit Unterstützung eines Astronomen sollte Cook für die englische Regierung das Naturschauspiel von Tahiti aus beobachten und die Messung dort vornehmen. Dies war die erste Aufgabe, die auf der Expedition erfüllt werden sollte. Des Weiteren galt es den lange Zeit vermuteten Südkontinent zu finden und damit Licht in seine ungeklärte Existenz zu bringen. Da dieser während der ersten Reise von Cook nicht gefunden wurde, blieb dieses Expeditionsziel für die zweite Reise fortbestehen.

Ein weiteres wichtiges Ziel für alle drei Expeditionen war das genaue Zeichnen von Küstenansichten und das Anfertigen topographischer Profile. Dies war für Großbritannien von elementarer Bedeutung für die Navigation in der Seefahrt sowie für militärische Zwecke, bei denen es um die Sicherung der Stellung Englands als Seemacht ging. (Smith 1985a: 5)

Außerdem sollten sämtliche neue Spezies und Materialien dokumentiert und eventuell in die Heimat mitgebracht werden. Der Earl von Morton, Mitglied der Royal Society, drückte die Ziele folgendermaßen aus: „...observe the Nature of the Soil, and the Products thereof, the Beasts and Fowls that inhabit or frequent it, the fishes that are to be found in the Rivers or upon the Coast and in what Plenty; and in case you find any Mines, Minerals or valuable stones, you are to bring home Specimens of each, as also such Specimens of the Seeds of Trees, fruits and Grains as you may be able to collect, and Transmit them to our Secretary, that we may cause proper Examination and Experiments to be made of them. You are likewise to observe the Genius, Temper, Disposition and Number of the Natives [...] and you are at the same time to send to our Secretary, for our information, accounts of your Proceedings and Copys [sic.] of the Surveys and drawings you shall have made." (Journals of Captain James Cook, In: Smith [2]1985: 16)

In Bezug auf die Einwohner des Pazifiks sollten Beobachtungen zu deren Begabungen und Veranlagungen angestellt werden und ihnen Freundschaft und Respekt entgegengebracht werden. James Douglas, Mitglied der Royal Society, vertrat einen hohen moralischen

Standpunkt. Douglas beauftragte Cook „to exercise the utmost patience and forbearance in his relations with native peoples and to check the wanton use of firearms and petulance of the seamen. Native people [...] hold a natural right to their own country and no European country had a right to occupy and part of it or settle without their consent." (Smith 1985a: 2) Die Männer, die mit Cook segelten sowie Cook selbst, waren beeinflusst von einem aufgeklärten, humanistischen Menschenbild. Ein solches Menschenbild war vor allem für frühere Entdecker aber auch für Entdecker dieser Zeit durchaus keine Selbstverständlichkeit. Diese Haltung, die zusätzlich durch die Richtlinien Douglas eingefordert wurden, wirkte sich selbstverständlich nicht nur auf den Umgang mit den Bewohnern des Pazifiks aus, sondern auch auf die visuelle Dokumentation dieser. Betrachtet durch die Augen eines Malers, der der fremden Person Respekt und Neugierde entgegenbringt, wurden die Menschen aus einem anderen Blickwinkel dargestellt, als es auf früheren Seefahrten der Fall gewesen war.

Gleichzeitig sollte visuelle Dokumentation vor Ort einer falschen Berichterstattung entgegenwirken. Es hatte den Fall gegeben, dass die Bewohner Patagoniens und Tasmaniens von wenigen Seeleuten als riesenhafte Giganten beschrieben wurden. Aufgrund dieser Reiseberichte, die sich nur auf wenige Zeugen stützte, wurden Illustrationen angefertigt, welche die Behauptungen unterstützten. Bei diesen Beobachtungen hatte es keine Zeichner gegeben, die eventuelle Größenunterschiede hätten festhalten können. Nun wollte man die Gefahr von Falschmeldungen mit Hilfe einer präzisen visuellen Dokumentation vermeiden. (Smith [2]1985: 36)

An Hand der Aufträge, die Cook für seine Seereisen von der Royal Society auferlegt bekam, wird deutlich, wie hoch der Anspruch an wissenschaftlich genauer visueller und verbaler Dokumentation war. Um möglichst gute Bedingungen dafür zu schaffen wurden Cook äußerst fähige Begleiter zur Seite gestellt, deren Fähigkeiten auf den folgenden Seiten näher beleuchtet werden sollen.

3.2 Künstler und Wissenschaftler

Unter den mitreisenden Gelehrten befand sich Joseph Banks, ein reicher Botaniker, der weitere Zeichner mit an Bord des Schiffes brachte. (Hennig 1952: 14) Banks legte Wert auf genaue Zeichnungen, ihm war aber vor allem an interessanten Motiven gelegen, die er in der Heimat seinen Freunden zeigen konnte. Er verbreitete nicht nur seine Ansichten bezüglich der visuellen Dokumentation, er konnte sich durch seinen Wohlstand ein eigenes Team an

Wissenschaftlern und Zeichnern leisten. Darunter befand sich unter anderem Daniel Solander,

der Banks im Sammeln von Pflanzen- und Tierarten unterstütze, der Zeichner Sidney Parkinson sowie Alexander Buchan. Ursprünglich sollte Parkinson Pflanzen und Tiere zeichnen und Buchan Menschen und Landschaften. Da Alexander Buchan jedoch auf der Reise verstarb, musste Parkinson Buchans Aufgabe übernehmen. Bis zu seinem Tod hatte er einige interessante Zeichnungen von Alltagsgegenständen unter anderem von den Bewohnern Feuerlands angefertigt (Abb. 5).

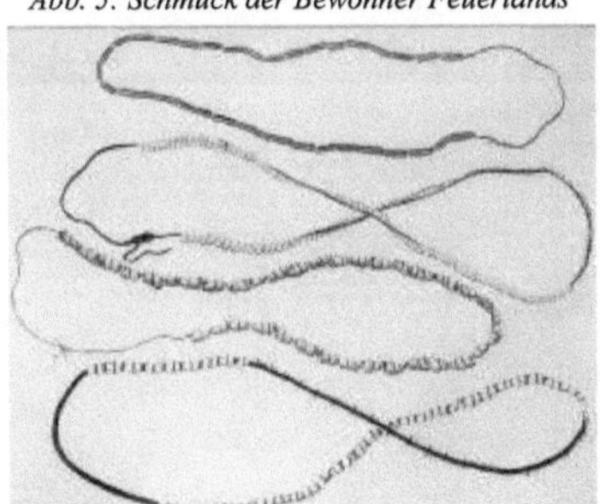

Abb. 5: Schmuck der Bewohner Feuerlands

Quelle: Smith 1985a: 92

Herman Diedrich Spöring wurde nach dem Tod Buchans assistierender Zeichner von Cook. Er war besonders wertvoll für Cook, da er verschiedene Instrumente, die für die Seefahrt von Wichtigkeit waren, reparieren konnte. Spöring besaß kein Talent im Figurenzeichnen, seine Stärke lag im Zeichnen von Landschaften. Sein Stil der Landschaftsmalerei zeigt einen großen Gegensatz zu den Arbeiten Parkinsons. Parkinson versuchte stets den ästhetischen Reiz der Landschaft einzufangen, so dass seine Werke weitaus weniger Sachlichkeit aufweisen als die von Spöring (Abb. 7). Dieser achtete auf eine sachliche und präzise Darstellung (Abb. 6). Er arbeitete nur mit dem Bleistift und brachte unter anderem bei den Zeichnungen von Küstenprofilen perfekte Linien zustande. (Smith 1985a: 41, 43)

Abb. 6: H.D. Spöring:The Arched Rock, Tolaga Bay

Quelle: Smith [2]1985: 30

Eigentlich sollten Banks und seine Leute die zweite Reise Cooks wieder begleiten, doch die Umbauten, die auf dem Schiff dadurch hätten vorgenommen werden müssen, hätten die Seetüchtigkeit der „Resolution" beeinträchtigt. Stattdessen segelten der Naturforscher Johann Reinhold Forster mit seinem ältesten Sohn

Abb. 7: Sidney Parkinson: A perforated Rock in New Zealand Tolaga Bay)

Quelle: Smith [2]1985: 30

Georg sowie William Hodges, einem Landschaftsmaler, mit. Dieser hatte unter anderem eine Zeichenschule besucht und hatte von einem Künstler namens Giovanni Battista Cipriani gelernt, der seinen Stil enorm beeinflusst hatte. Hodges war ein Künstler, der sich in dem Konflikt zwischen seiner eigenen klassischen Handschrift und der Forderung nach genauer Darstellungsweise wieder fand. (Smith 1985b: 1, 4, 9) So neigte er immer wieder dazu, von der bloßen nüchternen Betrachtung abzuweichen und das Bild mit Perfektion und Imagination anzureichern. Zudem hatte er eine Schwäche im figürlichen Zeichnen, in dem er sich immer wieder versuchte, doch mit dem er sein Leben lang Schwierigkeiten hatte. Er konzentrierte sich hauptsächlich auf Wettererscheinungen und Bedingungen des Lichts. (Smith 1992: 45) Besonderes Geschick entwickelte er beim Zeichnen von Küstenprofilen. Er setzte die Eigenschaften von Wasserfarben so geschickt ein, dass er eine hohe perspektivische Wirkung erzielte.

Die Schwächen, die Hodges an den Tag legte, sollten auf der dritten Seereise von Cook keine Probleme mehr darstellen. Ihn begleitete John Webber, ein Künstler, der eine weitaus intensivere Ausbildung genossen hatte, als seine Vorgänger. Er war Landschaftsmaler und geschult in figürlichem Zeichnen. Zudem hatte Cook von seinen vorigen Reisen gelernt und nun sehr genaue Vorstellungen davon, welche Fähigkeiten seine Künstler haben mussten.

An Hand der Beschreibungen der Künstler wird deutlich, dass die individuelle Ausbildung und die Einflüsse, denen die Landschaftsmaler unterlagen dafür verantwortlich sind, dass jeder Künstler eine eigene Handschrift hatte, die sich in seinen Werken wieder fand. Selbstverständlich ist dies nur ein Teil der Künstler und Seeleute, die die Reisen begleiteten. Ich habe mich auf die Personen beschränkt, deren Arbeiten in den folgenden Kapiteln näher untersucht werden.

4. Die praktische Arbeit

Im folgenden Kapitel werde ich einerseits die Leistungen der Künstler würdigen und andererseits verschiedene Darstellungen kritisch hinterfragen. Dies wird an Hand ausgewählter Beispiele geschehen, die teilweise Bezug zum vergangenen Kapitel herstellen und die individuellen Fähigkeiten einzelner Künstler verdeutlichen. Da die Reisen Cooks großen Erwartungen genügen mussten und einem enormen Interesse ausgesetzt waren, reicht allerdings die Würdigung meines Erachtens nicht aus. Gerade weil die Expeditionen hohe Erwartungen zu erfüllen hatten, möchte ich die Probleme, die sich bei der Visualisierung ergaben, mindestens ebenso umfangreich berücksichtigen.

4.1 Leistungen der Künstler

Auf der zweiten Reise standen neben den topographischen Zeichnungen von Küstenprofilen auch Wetterphänomene jeder Art im Vordergrund. Hodges verband diese beiden Aspekte und fertige ein sehr interessantes Bild an, an Hand dessen man erkennen kann, dass Hodges seinen Stil im Laufe der Reise veränderte hatte. Das Profil vom Kap der guten Hoffnung beinhaltet nicht nur topographische Aspekte, sondern fängt auch das unruhige Meer sowie den Himmel mit seinen Wolken ein. Der Zusammenhang zwischen Kondensation, Höhe, Wind, Temperatur und Regen war damals noch nicht erschlossen. Mit Hilfe solcher Darstellungen konnten

Abb. 8: Kap der guten Hoffnung

Quelle: Smith 1985b: 11

Meteorologen zu einem späteren Zeitpunkt Rückschlüsse auf das Wettergeschehen ziehen und so ihre Hypothesen anstellen, ohne vor Ort dabei gewesen sein zu müssen. In früheren Werken von Hodges war das Interesse an Wetterphänomenen bereits gewachsen, in diesem Beispiel steht es im Vordergrund. Solche Beobachtungen meteorologischer Art waren von großer Wichtigkeit für die Seefahrt: Veränderungen

Abb. 9: Wasserhosen

Quelle: Smith 1985b: 34

frühzeitig zu erkennen und zu deuten bedeutete höhere Sicherheit für die Seefahrt und konnte Leben retten. Hodges dokumentierte eine Reihe weiterer Wetterphänomene, zum Beispiel Wasserhosen. Für viele der Mitreisenden war das plötzliche Auftauchen der Wasserhosen ein neues, erschreckendes Erlebnis. Dazu entstanden ausführliche Beschreibungen von James Cook und den Forsters. Die Gravur nach Hodges ist eine gute Visualisierung der Beschreibungen (Abb. 9). Die wilde See, die Farben des Himmels, sowie die beängstigende Nähe der Wasserhosen zum Schiff. (Smith 1985: 33)

Abb. 10: Zweite Reise, die Schiffe Resolution und Adventure im Eismeer

Quelle: http://images.google.de

Mit der Darstellung von Lichtverhältnissen leistete Hodges sensationelle Arbeit, mit der er seiner Zeit voraus war. Er ging davon aus, dass die Lichtverhältnisse an verschiedenen Plätzen auf der Welt spezifisch waren. In der Antarktis legte er nicht nur Wert auf die Reflektionen auf der Wasseroberfläche, sondern beachtete auch die Schatten auf den Segeln und das dunkle Wasser im Vordergrund bedingt durch die tief stehende Sonne (Abb. 10). Er setzte die Wasserfarben ein, um Helligkeit und Dunkelheit kontrastreich oder abgestuft einzusetzen. Das arktische Licht stellte andere Anforderungen an Hodges als das tropische Licht (Abb. 11). Dabei arbeitete er mit hellen und pastellfarbigen Tönen. Hierbei wird deutlich, dass Hodges seinen Schwerpunkt nicht auf Einzelheiten legte, sondern auf Farbgebung und Stimmung.

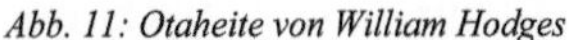

Abb. 11: Otaheite von William Hodges

Quelle: Smith 1992: 70

Neben Zeichnungen von meteorologischen Themen und Landschaften finden sich zahlreiche ausführliche Aufzeichnungen ethnographischer Art. Wie bereits erwähnt, wurde Cook auf seiner dritten Reise von einem sehr fähigen Künstler begleitet, der hervorragende ethnographische Arbeiten lieferte. John Webber stattete die Menschen nicht miteuropäischen

Abb. 12: Native prepared for hunting, Nootka Sound

Gesichtszügen aus und er verzichtete außerdem darauf, die Bewohner mit Kleidung zu malen. Seine Darstellungen sind sicherlich am stärksten empirisch. (Smith 1992: 73, 74)

Quelle: Smith 1992: 75

Besonders ethnographische Beobachtungen waren von ausführlichen Beschreibungen begleitet: wie eng diese mit den Bildern verschränkt waren, möchte ich an einem Beispiel von Parkinson unterstreichen: „…having broad flat faces, small black eyes, low foreheads, and noses much like those of negroes, with wide nostrils, high cheeks, large mouths, and small teeth. Their hair, which is black and straight, hangs over their foreheads and ears, which most of them had smeared with brown and red paint; but, like the rest of the original inhabitants of America, they have no beard. None of them seemed above five feet ten inches high; but their bodies are hick and robust, though their limbs are small. They wear a bunch of yarn made of guanicas wool upon their heads, which, as well as their hair, hangs down over their foreheads. They also wear the skins of guanicas and of seals, wrapped round their shoulders, sometimes leaving the right arm uncovered." (Parkinson 1773, In: Smith 1985a: 14, 15) Das Zitat bezieht sich auf Abbildung 13, einer Gravur nach einem Bild von Parkinson. Diese detaillierten Beschreibungen bildeten mit den dazugehörigen Bildern eine wertvolle Einheit

Abb. 13: Einwohner von Feuerland, Gravur nach Thomas Chambers

Quelle: Smith 1985a: 14

wissenschaftlicher Dokumentation und dienten nicht nur dazu, die Entdeckungen der Seefahrer festzuhalten und diese einer gehobenen britischen Elite zu präsentieren, sondern es war möglich, diese einer breiten Öffentlichkeit zugänglich zu machen. Die Erläuterungen zu den Bildern hatten erklärenden Charakter, so dass für jeden Betrachter verständlich wurde, was die Bilder zeigten.

4.2 Ästhetik versus Wissenschaft

Wie im letzten Kapitel bereits erwähnt, war Parkinson ein Künstler, der sehr viel Wert auf eine ästhetische Darstellung legte. So wählte er bei seiner Motivsuche jene Orte aus, die besonders malerisch waren, zum Beispiel Wasserfälle, Grotten oder Flüsse, und fügte den Motiven Harmonie hinzu. Immer wieder interessierte er sich besonders für Szenen, die Exotik ausdrückten: Häuser und Kanus der Ureinwohner oder tanzende tahitianische Mädchen. (Smith [2]1985: 28) Banks beeinflusste ihn bei der Wahl seiner Motive: ihm war vor allem an Szenen gelegen, die er in der Heimat seinen Freunden zeigen und damit für Aufsehen sorgen konnte. (Smith 1992: 56) Somit lenkte schon die Motivwahl die Dokumentation in eine bestimmte Richtung: die wissenschaftliche Darstellung von irgendwelchen Szenerien allein reichte den meisten Künstlern oft nicht aus, es sollten Landschaften gezeichnet werden, die eine gewisse Sensationslust der Betrachter bediente. Oft wurden die Motive gewählt, die der europäische Betrachter vielleicht ohnehin erwartet hatte und seine Erwartungen bestätigte.

Ein weiteres Problem lag in der gängigen Methode, aufgrund von Bildern Gravuren zu erstellen, die beliebig vervielfältigt werden konnten. „The landing at Middleburg" war von Hodges in London, nach den Richtlinien der Historienmalerei fertig gestellt worden. Das Bild zeigt eine heroisierte Landung Cooks auf einer der Freundschaftsinseln. Cook wird begleitet von einem befreundeten Häuptling von Tonga namens Tioonee, der vorher zur „Resolution" geschwommen war und sich bereits mit Cook angefreundet hatte. Er hält ein Blatt hoch, das die freundlichen Absichten Cooks zeigen soll. Die Einwohner wurden in klassischen Gewändern und mit europäischen Gesichtszügen gezeichnet. Die Künstler haben sich an der

Abb. 14: The Landing at Middleburgh

Quelle: Smith 1992: 73

Antike orientiert. Die idealisierte Darstellung von John Keyes Sherwin sollte den Frieden dieser Begegnung und die Leistungen Cooks zeigen. Johann Reinhold Forster allerdings kritisierte diese Gravur. (Smith 1985b: 71)

Der Schriftsteller John Hawkesworth brachte nach Cooks Ankunft in der Heimat ein Buch über dessen erste Reise heraus, das sich auf Aufzeichnungen von Cook und Banks stützte. Cooks Tagebuch war wegen zu geringen literarischen Wertes nicht veröffentlicht worden. Hawkesworth fügte zu den Fakten sein literarisches Talent hinzu sowie seine eigenen persönlichen moralischen Vorstellungen. Er bediente das zu dieser Zeit weit verbreitete Klischee des „tugendhaften Wilden“, der ein einfaches Leben führt, in Harmonie mit der Natur lebt und dankbar ist, für alles was er besitzt. Diese Romantisierung dieser Lebensweise hat in den Köpfen der Europäer bereits existiert, bevor es zur Veröffentlichung des Buches kam, jedoch haben die Darstellungen die Vorstellungen verstärkt und somit einen Prozess in Gang gesetzt, der sich selbst verstärkt hat. Der Maler Giovanni Battista Cipriani sollte Illustrationen beruhend auf den Berichten und den Bildern Cooks und Buchans erstellen, in Hawkesworths "Voyages" veröffentlicht werden sollten. (Smith 1985a: 15) Diese Vorgehensweise werde ich an Hand von Abbildung 15, die aufgrund von Beobachtungen Buchans entstanden ist, verdeutlichen. Cipriani war ein Vertreter des späten barocken Klassizismus, das heißt, er bemühte sich in seinen Werken um eine formstrenge, ausgewogene und vor allem harmonische Komposition und

Abb. 15: Inhabitants of the island of Terra del Fuego in their hut

Quelle: Smith 1985a: 15, verändert

ließ antike Elemente einfließen. Dieser Stil Ciprianis stimmte mit den Ansichten Hawkesworths über die harmonische Lebensweise der „edlen Wilden“ überein. Cipriani hatte ein Problem damit, lediglich die Fakten des Labensalltags der Bewohner bezogen auf die Beschreibungen von Cook und Banks darzustellen, er wurde von der Begeisterung Hawkesworth für die „edlen Wilden“ eingenommen. Letztendlich schuf Cipriani ein Werk mit einem neuen Stil, indem er die elementaren ethnographischen Fakten von Buchans Werk übernahm und es mit der europäisch angedichteten Harmonie anreicherte (Abb. 16). Sein Stil war ein völlig gegenteilig und traditioneller als der wissenschaftliche. Die Darstellung der

Hütte und ihre Bewohner rückten in den Hintergrund, indem sie in eine Landschaft gesetzt wurden. Dies hat ebenfalls einen stark harmonisierenden Effekt. Es sollte imaginiert werden, in welcher Einheit die Bewohner mit ihrer Umwelt lebten. Zusätzlich fügte er zu Buchans Version vier Personen (eingefärbt) hinzu um die Szene mit einer Stimmung der Gemeinschaft und des Zusammenhalts anzureichern. (Smith 1985a: 16) Ebenfalls interessant ist, wie er die Körpersprache der Personen verändert hat. Während im Original die Menschen eher eine in sich gekehrte Stimmung zeigen und wenig Kommunikation

Abb. 16: A view of the Indians of Terra del Fuego in their hut

Quelle: Smith 1985a: 18, verändert

stattfindet, zeigen vor allem die Personen im Vordergrund bei Cipriani viel mehr Bewegung. Die drei Personen rechts im Vordergrund (in blau, rot und gelb) kommunizieren miteinander und die am Feuer sitzende Frau weist eine offene Körperhaltung auf. Laut Smith bediente Cipriani sich dabei Figuren, die er in einem anderen Werk bereits 1767 gezeichnet hatte, einem Bild, das das Glück und die Vollkommenheit des einfachen, naturverbundenen Lebens symbolisieren sollte: die Frau (blau), die dem Kind den Weg zur Statue weist (Abb. 17), wurde für das neue Bild adaptiert. Die Statue von Ceres galt als Vorbild für den Mann (rot), der den Fisch in der rechten Hand hält. Die Figuren in Abbildung 16 tragen nicht mehr die Gesichtszüge von Einheimischen, wie es noch in Abbildung 15 gewesen war, sondern die von Europäern. (Smith 1985a: 16) So wurde aus Einer wissenschaftlich

Abb. 17An Offering to Ceres von Cipriani

Quelle: Smith 1985a: 18, verändert

ethnographischen Darstellung eine klassizistisch romantisierte. Dieses Buch wurde zu einem der meist gelesenen Bücher dieser Zeit. Daran lässt sich erkennen, dass zu dieser zeit ein großes öffentliches Interesse an Reiseberichten bestand. Trotz seiner Popularität erntete Hawkesworth für seine Darstellungen große Kritik. Ihm wurde unterstellt, die Reiseberichte von Cook und Banks zu frei interpretiert zu haben. Die Aufzeichnungen wurden daraufhin nach der zweiten Reise noch genauer, weil Cook daran gelegen war, dass er die Dokumentation seiner zweiten Reise selbst veröffentlichen konnte, nachdem es nach der ersten Reise wegen Hawkesworths Buch soviel Kritik gegeben hatte. Buchans Original bekam die Öffentlichkeit im achtzehnten Jahrhundert nicht zu sehen. (Smith [2]1985: 37)

Diese Werke wählte ich, um die Verfälschung wissenschaftlicher Darstellungen zu verdeutlichen. Die Landschaftsmalerei kann noch so exakt sein, wenn so auf so eine Art verfälscht wird, verliert sie ihren ursprünglichen Zweck. In diesen Beispielen bedienten die Schriftsteller und Künstler mit Absicht die Erwartungen und Vorstellungen von Europäern, die glaubten zu wissen, wie die Wirklichkeit sei.

5. Zusammenfassung

An Hand meiner Ausführung auf den letzten Seiten kann man erkennen, dass die Kombination aus fähigen Künstlern und den Veränderungen der Landschaftsmalerei, einen erheblichen Anteil daran hatten, dass die visuelle Dokumentation auf Cooks Seereisen einen so hohen Stellenwert einnahm. Seit dem siebzehnten Jahrhundert galt Landschaft in der Kunst nicht mehr länger als Kulisse für biblische Szenen, sondern die Landschaft stand mehr und mehr als eigener Gegenstand im Vordergrund. Damit wuchs das Interesse an der Natur und ihrer Darstellung. Durch den Entdeckungsdrang der Menschen wurde die Landschaftsmalerei instrumentalisiert für topographisch korrekte Darstellungen. Die Seemacht Großbritannien wollte für militärische und ökonomische Zwecke die letzten unbekannten Flecken auf der Weltkarte schließen und ihre Macht weiter stärken und ausbauen. Topographische Darstellungen für die Navigation waren ein Punkt der Aufmerksamkeit, Bilder von Pflanzen, Tieren und Einheimischen dienten einem anderen Zweck: einerseits wollten die Wissenschaftler ihre Neugierde befriedigen und neue Erkenntnisse gewinnen, andererseits ging es auch um Prestige. Die Wissenschaftler konnten sich sicher sein, dass sie nach der Rückkehr in ihre Heimat viel Aufmerksamkeit geschenkt bekommen würden, so dass es nicht bei rein wissenschaftlichen Darstellungen blieb, sondern auch immer wieder Bilder entstanden, die malerisch waren, ästhetisch und eine gewisse Exotik transportierten. In der

Wahl des Motivs lag das erste Problem der Dokumentation. Zwar reisten äußerst fähige Künstler mit, allerdings hatte jeder unterschiedliche Ausbilder gehabt, individuelle Fähigkeiten und somit hatte jeder Künstler seine individuelle Handschrift. Diese individuelle Handschrift lässt sich in den Bildern erkennen, so wie jeder Künstler seine individuellen Stärken hatte, hatte auch jeder individuelle Schwächen, unter denen die Darstellungen eventuell leiden konnten. Neben diesen Einflüssen standen zusätzlich die unterschiedlichen Richtungen der Landschaftsmalerei, die auf das Motiv verfälschend einwirken konnten. Klassisch beeinflusste Bilder stellten die Einwohner wie Griechen dar (Abb. 14) und die Ansicht, diese würden in absoluter Einheit mit ihrer Umwelt leben, führte zu stark harmonisierten Werken, die an das Paradies erinnerten. Neben diesen Problemen, die vom Künstler bewusst oder auch unbewusst wahrgenommen worden sein könnten, kam nach der Heimkehr noch zusätzlich das Problem der Veröffentlichung dazu. Die Gravuren wurden von weiteren Künstlern angefertigt, die die Reisen nicht begleitet hatten. Sie stützten sich auf Berichte und Bilder anderer Künstler und fertigten daraus ein Konglomerat aus mehreren Beobachtungen an.

Dennoch wurden diese Probleme teilweise nicht vollständig erfasst. Männer wie Hawkesworth verfolgten nicht die Absicht, die Berichte der Reisenden bewusst zu verfälschen, auch wenn es für den Betrachter heute so aussehen mag. Er war davon überzeugt, den Bildern nur einen gewissen harmonisierenden Anstrich zu verleihen, um damit seine Aussagen über sie Einheimischen zu verstärken. Der europäische Betrachter fand sich in seiner Vorstellung über den „edlen Wilden", der naiv und friedfertig in Einheit mit der Natur lebt durch solche Darstellungen bestätigt. Die Künstler stellten zum Beispiel Tahiti als utopisches Gegenbild zu Europa dar. Diese Vorstellungen wollten bestätigt werden, denn dann ließen sich solche Bücher wie das von Hawkesworth am besten verkaufen. Die Folgen dessen waren allerdings weit reichend: hierdurch wurden Stereotypen vor allem der pazifischen Einwohner gebildet und verstärkt. (Hammerbacher 2000: 103)

Man könnte Überlegungen dahingehend anstellen, ob man die Probleme durch die heutige Technik damals hätte verhindern können. Ich bin nicht dieser Ansicht. Zwar hätte man den Vorteil gehabt, visuelle Dokumente schneller anfertigen zu können und möglicherweise wären die Verfälschungen bei der Präsentation nach der Reise weniger stark ausgefallen. Doch mit Hilfe der modernen Technik lassen auch ebenso einfach Verfälschungen verbergen. Und unabhängig von Technik, Künstler und Zeitalter bleibt es dabei, dass Motive gewählt werden, die der Betrachter mit einem bestimmten Ort assoziiert und daher bestimmte Bilder aufnimmt. Daher möchte ich diese Arbeit mit einem folgendem Zitat beenden: „Not everything is possible at all times. Vision itself has its history." (Smith 1992: 63)

6. Quellen

Titelbild: State Library of New South Wales (2004): Drawings relating to Captain Cook's Second Voyage (1772-1775), mainly by William Hodges. Internet: http://images.google.de/imgres?imgurl=http://image.sl.nsw.gov.au/Ebind/pxd11/a15 6/a156027t.jpg&imgrefurl=http://image.sl.nsw.gov.au/cgi-bin/ebindshow.pl%3Fdoc%3Dpxd11/a156%3Bthumbs%3D21&h=140&w=99&sz= 8&hl=de&start=3&tbnid=g49LzVgRBFmXKM:&tbnh=93&tbnw=66&prev=/image s%3Fq%3Dhenry%2Broberts%2Bthe%2Bresolution%26svnum%3D10%26hl%3Dd e%261r%3D%26sa%3DG (05.12.2006).

Hammerbacher, V. (2000): Aufruhr der Elemente: Der Vulkanausbruch. Eine Motivstudie zur englischen Naturästhetik des 18. Jahrhunderts. München.

Hennig, E. (1952): James Cook. In: Frickinger, H. W. (Hrsg.): Buchreihe große Naturforscher. Stuttgart.

Schneider, N. (1999): Geschichte der Landschaftsmalerei. Vom Spätmittelalter bis zur Romantik. Darmstadt.

Smith, B. ([2]1985): European Vision and the South Pacific. New Haven, London.

Smith, B., R. Joppien (1985a): The Art of Captain Cook`s Voyages. Volume One: The Voyage of the Endeavor 1768- 1771. New Haven, London.

Smith, B., R. Joppien (1985b): The Art of Captain Cook`s Voyages. Volume Two: The Voyage of the Resolution and Adventure 1772- 1775. New Haven, London.

Smith, B. (1992): Imagining the Pacific. In the Wake of the Cook Voyages. New Haven, London.